けったいな生きもの キメキメ鳥

クリス・アーリー ／ 北村雄一 訳

化学同人

写真クレジット

page 6 © visceralimage / Shutterstock; page 7 © Rafael Hernandez / Shutterstock; page 8 © Robin Chittenden / naturepl.com; page 9 © Tom Vezo / naturepl.com; page 10 © Tristan Tan / Shutterstock; page 11 © Rod Williams / naturepl.com; page 12 © Oleksiy Mark / Shutterstock; page 13 © Nick Gordon / naturepl.com; page 14 © Iakov Filimonov / Shutterstock; page 15 © Markus Varesvuo; page 16 © phugunfire / Shutterstock; page 17 © Ole Jorgen Liodden / naturepl.com; page 18 © Markus Varesvuo / naturepl.com; page 19 © Arnoud Quanjer / Shutterstock; page 20 © Ondrej Prosicky / Shutterstock; page 21 © Tim Laman / naturepl.com; page 22 © Roger Powell / naturepl.com ; page 23 © Nagel Photography / Shutterstock; page 24 © Nataliya Hora / Shutterstock; page 25 © FloridaStock / Shutterstock; page 26 © Stubblefield Photography / Shutterstock; page 27 © Gerrit Vyn / naturepl.com; page 28 © Eric Isselee / Shutterstock; page 29 © Christian Musat / Shutterstock; page 30 © Narisa Koryanyong / Shutterstock; page 31 © pandapaw / Shutterstock; page 32 © gopause / Shutterstock; page 33 © Eric Isselee / Shutterstock; page 34 © Eric Isselee / Shutterstock; page 35 © Eric Isselee / Shutterstock; page 36 © Eric Isselee / Shutterstock; page 37 © Hermann Brehm / naturepl.com; page 38 © Anan Kaewkhammul / Shutterstock; page 39 © Christian Musat / Shutterstock; page 40 © Leksele / Shutterstock; page 41 © Eric Isselee / Shutterstock; page 42 © Mark Bowler / naturepl.com; page 43 © tristan tan / Shutterstock; page 44 © anekoho / Shutterstock; page 45 © Patrick Rolands / Shutterstock; page 46 © hagit berkovich / Shutterstock; page 47 © Eric Isselee / Shutterstock; page 48 © Eric Isselee / Shutterstock; page 49, カバー © Rudy Umans / Shutterstock; page 50 © Stefan Petru Andronache / Shutterstock; page 51 © Eric Isselee / Shutterstock; page 52 © Super Prin / Shutterstock; page 53 © Eric Isselee / Shutterstock; page 54 © Eric Isselee / Shutterstock; page 55, カバー裏 © Andrew Burgess / Shutterstock; page 56–57 © Rosalie Kreulen / Shutterstock; page 58–59 © Eric Isselee / Shutterstock; page 60 © Michal Ninger / Shutterstock; page 61 © Christian Vinces / Shutterstock; page 62 © Staffan Widstrand / naturepl.com; page 63 © Dr. Axel Gebauer / naturepl.com; page 64 © veleknez / Shutterstock; page 65 © Tony Heald / naturepl.com

もくじ写真は © vectorman1978 / Shutterstock.

WEIRD BIRDS
by Chris Earley
Copyright © 2014 Firefly Books Ltd.

Published by arrangement with Firefly Books Ltd., Richmond Hill, Ontario Canada
through Tuttle-Mori Agency, Inc., Tokyo

はじめに

　鳥といえば多くの人はハトやスズメを思いうかべるのでは？　でも、鳥のことを調べ始めたら、鳥がどれほど多様ですばらしいかを目の当たりするでしょう。空を飛ばないどっしりしたダチョウから、ちっちゃな体でブンブン飛び回るハチドリまで、形も大きさもさまざまです。世界でいちばん小さなハチドリと世界でいちばん重いダチョウの体重差は6万7650倍。たいへんなものです。

　今いる生き物のなかで羽毛をもつのは鳥だけです。羽毛は皮ふから生えてきます。羽毛はケラチンというものでできています。つめやウロコもケラチンでできています。どうも羽毛は、は虫類のウロコから進化してきたようです。羽毛をもつことで鳥は飛べるようになりました。飛ぶために、鳥の体にはいろいろな工夫があります。たとえば体が軽くなりました。鳥の骨は中が空っぽでパイプのようになっています。歯はなくなりました。ほかにも体を軽くするため、器官がなくなったり、小さくなったりしました。そして飛ぶためには力が必要です。鳥は羽ばたくために強力な胸の筋肉をもつようになりました。

　羽毛は鳥の体を温め、水をはじきます。それだけではなく、羽毛でできたかざりやもようは、相手にいろいろなことを伝える道具にもなるのです。おかげで鳥の見た目としぐさは非常にあでやかなものとなりました。羽毛は色も形も本当にさまざまで、それを使って鳥は結婚相手を引きつけます。もちろん、派手な羽毛は私たち人間の興味も引きつけますね。クジャクの大きな尾羽、コンゴウインコのあざやかな色、シラサギの繊細な羽、こうしたみごとな羽は、何千年もの間、人々の心をとらえてきました。

　羽以外にも鳥たちはおもしろい姿を見せてくれます。くちばしだけでも本当にさまざまです。サギのくちばしは短剣のようです。トキのくちばしは大きく曲がり、フクロウやワシのくちばしはカギのようです。ほかにも、ノミやタガネのような形のもの、スプーン型のもの、何かにつきさして中を探れる針のようなもの、ピンセットのようなもの、ろ過器のようになったもの、ふくろになったものもあります。

　足もさまざまです。長い足のコウノトリ、水かきのあるカモ、レンカクのすじ張った長い足と指、猛禽類の足とそのかぎ爪はもはや武器のようです。さまざまな足は、えさを見つけ捕まえることに役立ちます。

　こうしたさまざまなくちばしや足は、鳥がこの地球で生き延びるために身につけた工夫なのです。鳥の体には、もっともっとたくさんの工夫があります。1万種以上もいる鳥は、だれをも引きつける生き物でしょう。鳥をもっとよく知るために、少し立ち止まってみませんか。

もくじ

クロハサミアジサシ　6

ラケットハチドリ　7

チャバネコウハシショウビン　8

アオアシカツオドリ　9

ヒムネバト　10

ミミキジ　11

オニオオハシ　12

オジロウチワキジ　13

カンムリサケビドリ　14

イスカ　15

ヒクイドリ　16

アメリカグンカンドリ　17

ケワタガモ　18

ミナミジサイチョウ　19

カザリキヌバネドリ　20

ベニフウチョウ　21

エリマキシギ　22

インカアジサシ　23

ハシビロコウ　24

ベニヘラサギ　25

アメリカヘビウ　26

キジオライチョウ　27

ショウジョウトキ　28

クロトキ　29

ハリオハチクイ　30

オオフラミンゴ　31

カワリサンコウチョウ　32

ニシツノメドリ　33

インドクジャク　34

ルリコンゴウインコ　35

コンゴウインコ　35		ニワトリ　50, 51
キーウィ　36		ヤツガシラ　52
チャミミチュウハシ　37		ナンベイレンカク　53
ダチョウ　38		アフリカハゲコウ　54
レア（アメリカダチョウ）　39		オーストラリアガマグチヨタカ　55
オウサマペンギン　40		ヤリハシハチドリ　56
フンボルトペンギン　41		ジャノメドリ　58
オウギタイランチョウ　42		ヘビクイワシ　60
ホロホロチョウ　43		アンデスイワドリ　61
オオサイチョウ　44		カオジロハゲワシ　62
サイチョウ　45		ベニジュケイ　63
キンケイ　46		シチメンチョウ　64
ワシミミズク　47		フサホロホロチョウ　65
ヤシオウム　48		
カッショクペリカン　49		

クロハサミアジサシ
Rynchops niger

おいらのくちばしがおかしいって？　おいらは池や川の水面ぎりぎりを飛ぶんだ。**それも口を開けて、長い下のくちばしを水に入れたまま飛ぶのさ**。そうすると、そのうち魚などにコツンと当たるんだ。そこでさっと口を閉じれば、お魚ゲットってわけさ。ほら、使い道を知ればなるほどと思うだろう？　おいらの体長は 40 〜 50 センチくらいだよ。

ラケットハチドリ
Ocreatus underwoodii

ぼくの長いしっぽ、先っちょが丸いだろ？ **このかざりがテニスで使うラケットみたいだからこの名がついたんだ。**長いしっぽがあるのは男の子だけで、体長13センチくらいになるよ。女の子にかざりはなくて、体長8センチくらい。ぼくらは、花のみつを食べるよ。花から花へ飛び回ると、このラケットがひらひらして、かっこいいんだぜ。南アメリカのアンデス山脈にすんでるよ。

チャバネコウハシショウビン
Pelargopsis amauroptera

わたしの名前は「茶色い羽で紅のくちばしをもつカワセミ」という意味よ。ショウビンとはカワセミのこと。体長 35 センチくらいよ。カワセミは 90 種ほどいて、**みんなわたしみたいに大きなくちばしがあるわ**。それで魚をつかまえるの。空中から水に飛びこむなかまもいるのよ。日本のカワセミは川で魚をとるけど、私は海よ。ほかに、陸上で虫やカエルやトカゲやネズミをつかまえるなかまもいるわ。

アオアシカツオドリ
Sula nebouxii

おいらの体長は 70 〜 80 センチあるぜ。名前のとおり、**足がきれいな青色だろ？** おいらはこのきれいな足で女の子にプロポーズするんだ。どうするかっていうと、もったいぶった感じで、足を大きく上げて、ひょっこりひょっこり見せびらかすように歩くのさ。こうすれば女の子においらのきれいな足をちゃんと見てもらえるからな。

ヒムネバト
Gallicolumba luzonica

おれの名前はヒムネバト。体長約30センチ。**胸を銃でうたれて血が出てるみたいだろ？** もちろんこれは血じゃなくてただの赤い羽だぜ。おれたちは女の子にプロポーズするとき、胸をふくらませて、この赤い羽を見せびらかすんだよ。なかまが4種類いるけど、みんな赤い羽でプロポーズするんだぜ。あれ？ 羽がオレンジ色のヤツもいたかな。

ミミキジ
Crossoptilon mantchuricum

わたしたちキジのなかまはきれいなことで有名です。でも、きれいなのは全部男の子。女の子は地味な土色なんです。ところが、わたしたちミミキジはちがいます。男の子も女の子もみんな同じ姿で、しかも派手。大きな白い口ひげをもっています。**じまんの白ひげを見てください。耳のようにも見え**るでしょ。だからミミキジなんです。体長は1メートル。中国の北のほうにすんでます。

オニオオハシ
Ramphastos toco

「オオハシ」は大きなくちばしって意味さ。おれたちオオハシ一族は南アメリカにいるけど、そのなかでいちばん大きいくちばしをもつのが、おれよ。**体長60センチだけど、くちばしは20センチもあるぜ**。大きすぎて不便かって？ いや、これが使えるんだよ。果物を集めたり、木に巣穴をほったり、ほかの鳥の巣から卵をぬすんだり……。深い巣でも奥まで届くからな。

オジロウチワキジ
Lophura bulweri

ぼくは男。体長は 55 〜 80 センチ。白い尾羽がめだつだろ？　それに見てくれ、**顔にある仮面のようなかざり**。「肉だれ」といって、ニワトリのトサカみたいなもんさ。**角のようなものまでついて、色は真っ青**。とても派手だろ？　実はこの青いかざり、いつもは小さいけど、結婚の季節になると大きくなるのさ。これを見せびらかしてぼくらは女の子にプロポーズするんだ。

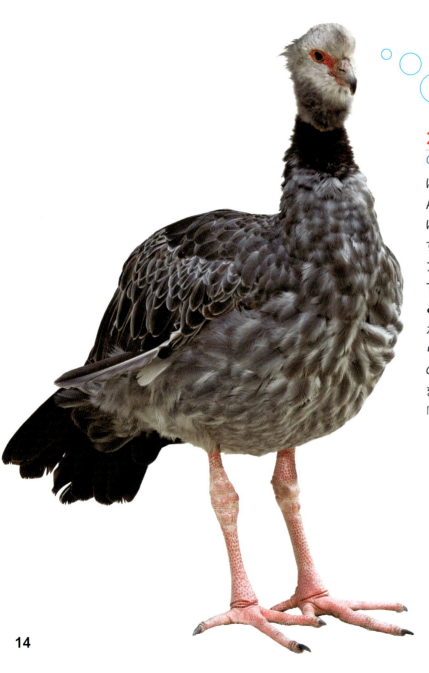

カンムリサケビドリ
Chauna torquata

ぼくはカモやアヒルに近い鳥なんだ。見た目はニワトリっぽいけどね。ニワトリにしては大きすぎかな。ぼくの体長は80センチくらい。南アメリカにすんでます。**実は足にほんのちょっと水かきがあるんだ。**えっ、見えないって？　そうだね、だから泳ぎはうまくないんだ。ぼくの声はさけび声みたいで、遠くまで届くすごい声だよ。だから「サケビドリ」なんだ。

14

イスカ
Loxia curvirostra

女の子はくすんだ黄緑だけど、おいらたち男の子は赤で決めてるぜ。体長は 16 センチ。くちばしが変だって？　松ぼっくりをこじあけて、タネを食べるときに便利なんだぜ。**おいらは下のくちばしが体の右側に曲がってるけど、左曲がりのやつもいる**。右曲がりは松ぼっくりの向かって左側を食べるんだ。左曲がりは右側さ。右と左がいるから、みんなでムラなく松ぼっくりを食べられるぜ。

ヒクイドリ

Casuarius casuarius

あたしたちは 2 番目に大きな鳥。1 番はダチョウさんね。男の子よりも女の子のほうが色あざやか。それに、男の子は 35 キロぐらいだけど、女の子は 60 キロにもなるんですよ。背が 1.8 メートルもある子もいるわ。お母さんは巣に卵をうむと、そのままどこかへいってしまうの。**卵を温めるのはお父さんで、子育てをするのもお父さんだけよ。**東南アジアのジャングルにすんでいるわ。

アメリカグンカンドリ
Fregata magnificens

おれは、体長1メートルで、翼(つばさ)を広げると2.4メートルもあるぜ。**おれたち男は、のどにふくろがあって、大きくふくらませることができるんだ**。赤い風船みたいなのがそれさ。人間には変に見えるみたいだけど、グンカンドリの女の子たちはこれにメロメロなんだぜ。女の子の前でのどぶくろをふくらませてブンブンふるんだよ。そして「ひょよよよ」と歌ってプロポーズするのさ。

17

ケワタガモ
Somateria spectabilis

「ケワタ」っていうのは布団とかに使う羽のこと。**おいらの仲間のホンケワタガモの羽が羽毛布団に使われたんだ。**ホンケワタガモとおいらは似てるけど、おいらのほうがきれいだぜ。あいつらは頭が白黒、おいらは色とりどりさ。おいらの体長は 45 〜 65 センチ。グリーンランドの北にあるエルズミーア島で巣を作ることもあるんだ。こんなに北で子育てをする鳥はなかなかいないぜ。

ミナミジサイチョウ

Bucorvus leadbeateri

人間からすると、**わたしのこの肌は、赤くてひだひだで、**ちょっとコワいみたいですね。でもこれがわたしたちにはすてきなんです。**それにこの長いまつげ。印象的でしょ？**　体長は１メートルぐらいになります。シチメンチョウと同じぐらいの大きさですよ。わたしは、アフリカの草原を歩きながら、虫やヘビやトカゲ、小さなほ乳類を大きなくちばしでつかまえて食べちゃいます。

カザリキヌバネドリ
Pharomachrus mocinno

ぼくはメキシコやグアテマラなど中米の国にすんでるよ。そこではケツァールってよばれてる。**ぼくのこの尾羽、きれいだろ？**　昔メキシコにあった国、アステカ帝国やマヤの人は、ぼくをつかまえて尾羽を取ってお祭りの頭かざりに使ったのさ。ぼくはグアテマラの国鳥で、お金の名前にもなっているよ。ぼくたちオスは体長 70 センチあるけど、メスは尾が短いから 35 センチくらいかな。

ベニフウチョウ
Paradisaea rubra

おいらたちはきれいだから、はく製にされてたが、そのはく製に翼がなくてよ。羽ばたかず風に乗って飛ぶ鳥だとかんちがいされて、フウチョウの名がついたのさ。おいらたちオスはいろんなかざりをもってる。たとえば、**この長い尾羽。おいらが女の子の前で逆さでおどると、この長い尾羽がおいらの姿をふちどって、写真をかざる額みたいなのさ**。長い尾羽をのぞくと体長は30センチだ。

エリマキシギ

Philomachus pugnax

エリザベス一世とか昔の人の絵を見ると、ゴージャスなエリマキを首にまいてるだろ？ 見てごらん、ぼくらエリマキシギの男も、**白や黒や茶色のエリマキをまいているぞ**。ぼくらの体長は 25 センチ前後。みんなでいっしょにゴージャスなエリマキを女の子に見せびらかすのさ。そして女の子たちは、「結婚(けっこん)するならだれがいいかしら」と選ぶってわけ。

インカアジサシ

Larosterna inca

あたしたちは、オスもメスも、**顔に白いヒゲのような羽をもってる。**体長40センチくらいの海の鳥で、南アメリカの西海岸にすんでいるわ。子育てするのは敵のいない島や岩のがけ。でも最近は、敵のいなかった島にもネズミやネコがいて、巣をおそうのよ。人間が島にやってきたとき、いっしょにネズミやネコも来ちゃったのよね。困っちゃう。

ハシビロコウ
Balaeniceps rex

「ハシビロコウ」は「くちばしが広いコウノトリ」って意味。英語の名前は「くつのようなくちばし」。オランダに丸っこくて先がとんがった木ぐつがあるのね。**わたしのくちばしはそのくつと似てるの。**この強いくちばしでいろんなえものをつかまえるわ。魚、カエル、ヘビ、小さなカモやほ乳類、ワニの子どもまで食べてしまうの。背が1〜1.4メートルもあるわよ。

ベニヘラサギ

Platalea ajaja

くちばしが不思議な形でしょ。「ヘラサギ」は「**シャモジみたいなくちばしのサギ**」という意味。英語では「スプーンのようなくちばし」とよばれてるわ。このくちばしの先を少し開けて、水の中で動かすの。そして魚などにぶつかったら、くちばしをさっと閉じてつかまえるのよ。なかまが世界に6種類いるけど、ピンク色なのはわたしたちだけよ。体長は70〜80センチくらいね。

アメリカヘビウ
Anhinga anhinga

あたしはアマゾンなどにすんでいるわよ。体長は 90 センチ弱。あたしは魚を探して、水にもぐって泳ぐの。**でも首がヘビみたいに長いから、頭だけは水から出してるの。**するとますますヘビみたいよ。足で水をかいてゆっくり泳ぎながら、いざとなると頭ももぐる。そして、このするどいくちばしで魚を「えいっ」とひとつき！　つかまえちゃうわ。

キジオライチョウ

Centrocercus urophasianus

おいらはオスで、北アメリカの草原にいるボン。体長 50〜75 センチだボン。胸をふくらませてるって？ これはのどぶくろだボン。**おいらたちオスは、ふくらませたのどぶくろを見せびらかしあって競争するボン**。勝った者が女の子にもてるのだボン。おいらたちは、このふくろで「ボヨヨヨン」とひびく音も出すボン。その音を聞いた女の子たちはメロメロだボン。

ショウジョウトキ
Eudocimus ruber

トキは世界中で26種いるよ。どの種も**くちばしが下へ曲がるんだ**。ぼくもそうでしょ。トキが食べるものは種によってちがうよ。虫を食べるものも、カニやエビ、あるいは魚を食べるものもいるよ。ぼくらはカモやウシの後をついて回ることがあるんだ。カモがえさを探したり、ウシが草を食べ歩くと、おどろいた虫が飛び出すからね。それを食べるんだ。ぼくの体長は55〜60センチだよ。

クロトキ

Threskiornis aethiopicus

おれもトキ。クロトキだ。**名前のとおり黒いだろ？** 体長は70〜85センチ。英語では「聖なるトキ」ってよばれてる。古代エジプトでは、知恵の神トトの化身だと考えられていたのさ。今ではサハラ砂ばくよりも南のアフリカにいるけどな。聖なるトキだけど、ほかのトキとはちょっとちがっていてな。ゴミ捨て場でえさを探すこともあるんだわ…

ハリオハチクイ
Merops philippinus

あたちはまだ子ども。今でもきれいだけど、**大人になったら針のように細い尾羽がのびてもっときれいになるわ**。体長は 25～30 センチね。あたちは、毒針をもつミツバチ、ハナバチ、アシナガバチも食べてしまうから、この名がついたのよ。ハチをつかまえると、枝にこすりつけて、毒針を取り除き、毒をしぼり出すの。それからハチを飲みこむのよ。

オオフラミンゴ
Phoenicopterus ruber

ピンクの羽のこの姿を忘れちゃう人なんていないわよね。**あたしはこの曲がったくちばしを、上下逆にして水に入れ、食事をするわ。**水をすくって、その中にいる小さなエビのなかまを集めるの。エビのなかまがもつ色素を食べると、羽がピンク色になるのよ。あたしたち、体長は 1.2 〜 1.4 メートル。サギやコウノトリに似てるけど、実は水鳥のカイツブリさんの親せきらしいのよね。

31

カワリサンコウチョウ
Terpsiphone paradisi

おいらのしっぽ、びっくりするぐらい長いだろ？体より長いんだぜ。子どものころはもっと短くて、女の子と変わらない。でも大人になると長くのびるのさ。体長48センチもある。女の子は体長20センチくらいしかないぞ。おいらたちは人によって…、というか鳥によって色がずいぶんちがうんだ。たとえば、頭が黒い以外、体がほとんど真っ白なやつもいるぜ。

ニシツノメドリ
Fratercula arctica

あたしは海の鳥。体長 30 センチ。**顔におもしろいもようがあるから、英語では「海のピエロ」っていわれる**。なかまは世界中にいるけど、あたしは大西洋にいる。くちばしが色あざやかでしょ。口の裏側に小さなトゲが生えていて、小魚をくわえると簡単には落っこちないわ。子育ての季節、50 ぴきもの小魚を一度にくわえて海から帰ることもできるの。ほった穴にいるヒナにあげるのよ。

インドクジャク

Pavo cristatus

おれのしっぽは世界一。みんなおれの尾羽をすごいと思うし、神様に会ったようなおどろきを感じるぞ。おれたちは結婚(けっこん)の季節にこの尾羽を使う。**しっぽを広げると無数の目玉もようがきらめくんだ**。そうやって、これはと思った相手に情熱的にプロポーズするのさ。長い尾羽をもつオスの体長は 2.3 メートルだけど、メスは体長 1 メートルだ。

ルリコンゴウインコ(左)
コンゴウインコ (右)

左：*Ara ararauna*　右：*Ara macao*

左の緑がおれ、ルリコンゴウインコ。体長85センチ。右の赤いのがコンゴウインコ。体長90センチくらい。おれたちゃ南アメリカのジャングルを代表する鳥だよ。大きな群れを作って、みんなでおしゃべりすると、大さわぎさ。なかまはたくさんいるけど、**みんな体が大きくて色がきれいさ。**
でも密猟者にねらわれるんだ。あいつらおれたちをつかまえて売り飛ばすんだぜ。

キーウィ

Apteryx mantelli (Apteryx australis mantelli)

わたしはダチョウと同じで飛べません。体長 35 〜 55 センチぐらいだけど、**重さ 500 グラムぐらいのでっかい卵をうむんですよ**。ダチョウの卵はもっと重くて 1.5 キロ。女の子ダチョウの体重は 100 キロほどだから、卵の重さは体重の 100 分の 2 以下ね。実はダチョウさん、体とくらべていちばん小さな卵をうむ鳥なのよ。正反対なのがあたしたち。卵が体重の 100 分の 25 もあるからね。

チャミミチュウハシ
Pteroglossus castanotis

先に登場したオオハシのなかまだけど、少し小さいから「チュウハシ」なのさ。体長は45センチ。中央アメリカから南アメリカにすんでるぜ。**おれは果物を食べてタネをはき出すんだ。**おれたちがはき出したタネを人間が調べたら、ほとんどが芽を出して育ったぞ。タネを遠くではき出して、そこから芽が出る。植物にとっておいらたちは、タネをあちこちへ運んでくれる大事なお客さんだな。

ダチョウ
Struthio camelus

おいらは世界でいちばん大きな鳥だぜ。オスは体重180キロ、背の高さが2メートルになるな。メスはもうすこし小さくて軽いけど、うむ卵は世界一だぜ。**ダチョウの卵の重さはニワトリの卵24個分もあるぞ**。でも、体重とくらべた卵の重さでいうと、ダチョウは、世界でいちばん小さな卵をうむ鳥なんだよ。卵の重さは体重の100分の1とか100分の2だな。

レア（アメリカダチョウ）

Rhea americana

ぼくはダチョウの親せきさ。ダチョウはアフリカにいるけど、ぼくは南アメリカにいるよ。ぼくはダチョウほど大きくないけど、背は1.5メートルあるよ。**ぼくらの子育ては変わってるよ**。たとえば、ぼくが巣をつくると、12羽以上の女の子が卵をうんでいくんだ。そしてぼくがその卵全部をひとりで温めるのさ。1つの巣に卵が60個ってこともあるよ。

オウサマペンギン
Aptenodytes patagonicus

わたしはキングペンギンともいう。ペンギンはとても個性的な姿をしてるから、見まちがえることはないわよね。背は95センチ。飛べないわ。**でも翼を使って水中を飛ぶように泳ぐことができるの**。泳ぐ速さは時速32キロ。魚やイカ、エビやそのなかまをつかまえるわ。わたしがすむ南極の海には、シャチやヒョウアザラシ、サメのようなこわいやつがいるけど、すばやく泳いでにげるのよ。

フンボルトペンギン

Spheniscus humboldti

あたしたちは南アメリカ西海岸のペルーやチリにすんでる。ここの海にはフンボルト海流という冷たい水が流れているの。だからフンボルトペンギンよ。背は 65 センチくらい。あたしたちは海の塩水を飲んで生きてる。塩をとりすぎちゃうけどへっちゃらよ。**目の近くに塩腺という器官があって、とりすぎた塩を濃い塩水にして、せっせと鼻に出すの**。それを鼻水みたいに捨てるのよ。

オウギタイランチョウ
Onychorhynchus coronatus

体長 16 センチで地味な黄色だけど、**見てくれよ、ど派手に赤いこのトサカ**。このトサカは羽でできていて、いつもは頭の後ろにたたんでるんだ。だからめったにお目にかかれるものじゃないぜ。科学者がおれっちをつかまえたとき、おれっちはトサカを広げて、頭をゆっくり左右に動かしたんだ。科学者は、おれっちのトサカは相手をおどろかすためのものだと考えてるみたいだな。

ホロホロチョウ

Numida meleagris

あたしはアフリカの鳥。体長は 45 〜 60 センチ。**頭のカブトはトサカみたいだし、のどから肉だれも下がっているから、ニワトリさんと似てるかな**。肉だれなどのかざりはオシャレのためだけじゃないの。頭の熱を下げるときに便利よ。アフリカは場所によって暑かったりすずしかったり、気候がさまざまなの。熱中症にならないように、熱をうまくにがさないとね。

オオサイチョウ（左）
サイチョウ（右）

左 : *Buceros bicornis*　右 : *Buceros rhinoceros*

左のあたしはオオサイチョウ。右はサイチョウくんね。どちらも体長は 1.2 メートル。なかまはアフリカと南アジアにいるわ。**くちばしが大きくて、カブトがついたものもいるの**。南アメリカにすむオオハシさんと同じように、果物を食べて、タネをばらまくわよ。子育てのときは、木の穴に入って、入り口を泥でふさぐの。泥のふたには小さな穴があいていて、ダンナがご飯をもってきてくれるわ。

キンケイ

Chrysolophus pictus

おいらたちのプロポーズは変わってるぜ。女の子を見つけたら走り寄って、たとえば首の右側を見せるんだ。**おいらの首に金と黒のもようが入った羽があるだろ？　これを女の子の顔の前でエリマキみたいにふくらませるのさ**。それから向きを変えて、今度は首の左側を見せて同じことをする。これをくり返すのさ。オスはしっぽが長くて体長1メートルあるぜ。メスは65センチくらいかな。中国にすんでるぜ。

ワシミミズク
Bubo bubo

あたしは世界でいちばん大きなフクロウ。体長60〜75センチあるわ。フクロウは「変」のかたまりね。夜に飛び回る鳥はいるけど、夜に行動するのがあたりまえの鳥はほとんどいないわ。**あたしたちの体には、夜に狩りをする工夫がたくさんあるの。**わずかな光を集める大きな目、とってもよく聞こえる耳、音を立てずに飛べる翼。ふつうの鳥とちがうから、暗やみで気づかれずにえものに近づけるわけ。

ヤシオウム
Probosciger aterrimus

ロックなヘアスタイルだろ？ 体長は 50 〜 65 センチ。おいらはとても変わった才能があるんだ。ドラマーなんだ。つまりバンド演奏でドラムをバンバンたたいてるヤツだぜ。ドラムをたたくにはスティックが必要だよな。**おいらは枝を折ってスティックを作るのさ。そして中身のない木をたたいて演奏するのよ。**それを聞きつけて、女の子がやってくるってすんぽうさ。

カッショクペリカン
Pelecanus occidentalis

わたしらペリカンは、**大きなくちばしとふくらむのどぶくろを、あみのように使って魚をつかまえるわ**。そして水だけをはき出して、つかまえた魚を飲みこむの。ほとんどのペリカンは水面を泳ぎながら魚をつかまえるけど、わたしはちがうわ。水の上を飛びながら、とつぜん、魚の群れ目がけてくちばしから飛びこんでつかまえるの。その姿は圧巻よ〜。体長が 1.1 〜 1.3 メートルもあるからね。

ニワトリ
Gallus domesticus

あたしたちの祖先はジャングルにすむセキショクヤケイさん。人間はセキショクヤケイさんを飼っているうちに、たくさん肉がついたものや、たくさん卵をうむものを大事にするようになったの。そうして、たくさん肉がつくニワトリや、たくさん卵をうむニワトリができたんです。写真のあたしたちは、美しいから大事にされたニワトリよ。見てのとおり、派手な姿でしょ！

ヤツガシラ
Upupa epops

ぼくの体長は 30 センチ弱。頭が変わってるけど、身の守り方も変わってるぞ。ヒナのとき、**敵がきたら、ウンチを飛ばして敵にひっかけるんだ**。きたないって？ いやいや命がかかってるからね。ウンチ攻げきが通じないときは、シューシュー声を出して敵をくちばしでつつくのさ。それから、ぼくは羽をととのえるために油を出すけど、油の代わりにくさい液を出して身を守ることもあるぞ。

ナンベイレンカク
Jacana jacana

ぼくは長い足指で有名さ。体長は 20 センチ弱。ぼくらがすむ池や水辺にはスイレンが生えてるんだ。スイレンは水面に葉っぱをうかべた植物だね。その葉の上にただ乗っかっただけではしずんじゃう。でもぼくは足指が長いから、体重が広く分散されるんだ。だから、**スイレンの葉の上を歩いて、虫や小魚を探して食べることができるのさ**。

アフリカハゲコウ

Leptoptilos crumeniferus

名前は、「アフリカにいるハゲタカみたいなコウノトリ」って意味。**確かに、くちばしが長くなったハゲタカさんみたいね**。食べるものもハゲタカさんと似ていて、どちらも死んだ動物の肉を食べます。だからときどきケンカするのよ。わたしが食べるのは死体だけじゃないわよ。虫や、ゴミ集積場の生ゴミや、池の魚を食べることもあるの。体長は 1.1 ～ 1.3 メートルくらいよ。

オーストラリアガマグチヨタカ
Podargus strigoides

「ヨタカ」は夜のタカ。タカじゃないけど夜に狩りする鳥なんだ。「ガマグチ」とは、お金を出し入れするでっかい口があるサイフのこと。**おいらの口もでっかくて、口に入る生き物なら何でも食べちゃうぜ**。おいらの狩りは、枝にとまって待ちぶせする作戦さ。虫やイモムシやカエルやトカゲ、小さな鳥やほ乳類を見つけると飛び降りて丸のみだぜ。体長は 35 〜 55 センチくらいだぜ。

ヤリハシハチドリ
Ensifera ensifera

いちばんくちばしが長い鳥はペリカン。でも、体に対するくちばしの長さならあたしが優勝ね。**くちばしが体より長いんだもの**。体長は11センチだけど、くちばしが17センチもあるの。あたしは花のみつを食べてる。花の深い場所にみつがあっても、この長いくちばしで吸えちゃうわ。でも不便なこともあるの。羽を毛づくろいするには、くちばしが長すぎるのよ。だから足で毛づくろいをするんです。

ジャノメドリ
Eurypyga helias

あたしは周りの草木にまぎれこむ地味な色の鳥。体長は 50 センチ弱。**でも危険を感じるとこうやって羽を広げて敵に向き合うわ**。すると、体が大きくなったように見えるのよ。それに羽にある大きくて色あざやかなヘビの目みたいなもようを見て！ みんな、目玉もようを見ると、自分を見ている敵を思い出すのよ。それを利用してあたしたちは、**このヘビの目もようで相手を追っぱらうわけ**。

ヘビクイワシ

Sagittarius serpentarius

ワシやタカのなかまを猛禽類というけど、私も猛禽類よ。その中ではいちばん変わった姿かもね。高さが 1.5 メートルあって、ワシというよりコウノトリやサギに見えるでしょ？ でもワシと同じように、足でえものを倒すわ。アフリカの草原を歩き回って、ヘビやトカゲ、虫や小さなほ乳類を探します。見つけると、**この強力な足でえものをバンバンふみつけて、あとは丸のみよ。**

アンデスイワドリ
Rupicola peruviana

色あざやかだろ？ おいらはペルーの国鳥になってるぜ。体長は 30 センチだな。おいらたち男はみんなで集まって求愛するんだ。競い合う場所は決まってるから、好みの男を見つけるために女たちが見物にやってくる。**男は、ほかのヤツよりめだつように羽ばたいたり、体をそらせてみたり、あるいは飛びはねたり**。しかもその間、大きな声で歌い続けて女の子をゲットするのさ。

カオジロハゲワシ
Trigonoceps occipitalis

あたいたちハゲワシのほとんどは頭に毛がないわ。死体を食べるとき、頭を死体の中につっこむと、よごれちゃうのよね。でも、**頭に毛がなければ簡単によごれを落とせるの**。だからハゲワシよ。ほかにも頭に毛がない鳥がいるわ。アフリカハゲコウさんやホロホロチョウさんがそうね。毛がなくなった理由はそれぞれだけど、見た目はあたいと似てるわ。あたいの体長は 85 センチよ。

ベニジュケイ
Tragopan temminckii

オレは英語で「ヤギの神様」ってよばれてる。あごひげと角があるからさ。角が見えないって？ **目の上の青いまゆげみたいなものをふくらませると角になるのさ。あごひげみたいな青と赤の肉だれは、ふくらませたところだぜ。** 体長65センチのオレは、あごひげと角をふくらませ、頭をひょいひょい動かしながら羽ばたいて、最後は背のびをして、女の子にプロポーズするのさ。

63

シチメンチョウ
Meleagris gallopavo

みんなおれの名前を知ってるけど、見たことないんじゃないかな。体長は 1.2 メートル。**おれたちの顔には毛がないぞ。そして男の顔色は赤と青で派手だぜ。**それに肉だれやこぶがいくつもある。変な顔だって？そうかもな。ど派手な顔とふくらんだ胸の羽、扇のように広がった尾羽、まるまるとした体。おれたちの世界じゃこれがかっこいいのよ。

フサホロホロチョウ
Acryllium vulturinum

おいらはアフリカ東部の乾燥地帯にすんでる。体長は60〜70センチ。頭に毛がないから英語では「ハゲタカホロホロチョウ」ってよばれてる。**でも頭の後ろには毛があるから、修道士みたいさ。** ヨーロッパの修道士は、頭のてっぺんの毛をそって周りだけ残すんだ。そんな頭に、しましま点々の大きな体。ちょっとおもしろい見た目かもな。

この本に出てくる鳥

ページ	和 名	学 名	英語名（意味）	生息地
6	クロハサミアジサシ	*Rynchops niger*	Black Skimmer（黒くて水面ぎりぎりを飛ぶもの）	南北アメリカ
7	ラケットハチドリ	*Ocreatus underwoodii*	Booted Racket-Tail（長ぐつをはいたラケットしっぽ）	南アメリカ
8	チャバネコウハシショウビン	*Pelargopsis amauroptera*	Brown-Winged Kingfisher（茶色の羽のカワセミ）	東南アジアの海岸
9	アオアシカツオドリ	*Sula nebouxii*	Blue-Footed Booby（青い足のカツオドリ）	南北アメリカの太平洋沿岸
10	ヒムネバト	*Gallicolumba luzonica*	luzon Bleeding-Heart Pigeon（フィリピンのルソン島にいる胸が血まみれのハト）	フィリピンのルソン島
11	ミミキジ	*Crossoptilon mantchuricum*	Brown Eared-Pheasant（茶色の耳キジ）	中国北部
12	オニオオハシ	*Ramphastos toco*	Toco Toucan（南米先住民の言葉でオオハシのこと）	南アメリカ
13	オジロウチワキジ	*Lophura bulweri*	Bulwer's Pheasant（ブルワーさんのキジ）	ボルネオ島
14	カンムリサケビドリ	*Chauna torquata*	Southern Screamer（南のさけぶ者）	南アメリカ
15	イスカ	*Loxia curvirostra*	Red Crossbill（赤い姿をした交差するくちばし）	ヨーロッパからアジア、日本、北アメリカ
16	ヒクイドリ	*Casuarius casuarius*	Southern Cassowary（南の鉄カブト）	東南アジアとオーストラリア北部
17	アメリカグンカンドリ	*Fregata magnificens*	Magnificent Frigatebird（すばらしいフリゲート艦の鳥）	北アメリカ南部、中央アメリカ、赤道付近の南アメリカの海岸
18	ケワタガモ	*Somateria spectabilis*	King Eider（王様のエイダー：アイスランド語でケワタガモのこと）	北極周辺の北アメリカ、ヨーロッパ、ロシア
19	ミナミジサイチョウ	*Bucorvus leadbeateri*	Southern Ground-Hornbill（南にいる地面にすむサイチョウ）	アフリカ南部
20	カザリキヌバネドリ	*Pharomachrus mocinno*	Resplendent Quetzal（優雅なケツァール）	中央アメリカ
21	ベニフウチョウ	*Paradisaea rubra*	Red Bird of Paradise（赤い楽園の鳥）	インドネシアのワイゲオ島とその周辺
22	エリマキシギ	*Philomachus pugnax*	Ruff（中世のおしゃれエリマキの鳥）	ヨーロッパとロシアの北部 冬はアフリカ、インドなどへ渡る
23	インカアジサシ	*Larosterna inca*	Inca Tern（南アメリカの古い国インカのアジサシ）	南アメリカの太平洋沿岸と中央アメリカ
24	ハシビロコウ	*Balaeniceps rex*	Shoebill（くつみたいなくちばし）	アフリカ
25	ベニヘラサギ	*Platalea ajaja*	Roseate Spoonbill（スプーンのようなバラ色のくちばし）	北アメリカ南部から南アメリカまで
26	アメリカヘビウ	*Anhinga anhinga*	Anhinga（南アメリカ先住民の言葉でアメリカヘビウのこと）	北アメリカ南部から南アメリカまで
27	キジオライチョウ	*Centrocercus urophasianus*	Greater Sage-Grouse（セージの平原にすむ大きなライチョウ）	アメリカ合衆国西部
28	ショウジョウトキ	*Eudocimus ruber*	Scarlet Ibis（緋色のトキ）	南アメリカ
29	クロトキ	*Threskiornis aethiopicus*	Sacred Ibis（聖なるトキ）	サハラ砂漠より南のアフリカ. エジプトでは絶滅
30	ハリオハチクイ	*Merops philippinus*	Blue-Tailed Bee-Eater（青いしっぽのハチ食い）	東南アジア、インド
31	オオフラミンゴ	*Phoenicopterus ruber*	American Flamingo（アメリカのフラミンゴ）	アメリカのカリブ海
32	カワリサンコウチョウ	*Terpsiphone paradisi*	Asian Paradise Flycatcher（飛ぶ虫をつかまえるアジアの極楽なもの）	アフガニスタンから中国東北部. 冬はインドから東南アジア
33	ニシツノメドリ	*Fratercula arctica*	Atlantic Puffin（大西洋のツノメドリ）	北大西洋
34	インドクジャク	*Pavo cristatus*	Indian Peafowl（インドのクジャク）	インド

ページ	和 名	学 名	英語名 (意味)	生息地
35	ルリコンゴウインコ	*Ara ararauna*	Blue and Yellow Macaw (青と黄色のコンゴウインコ)	南アメリカ
35	コンゴウインコ	*Ara macao*	Scarlet Macaw (紅のコンゴウインコ)	南アメリカ
36	キーウィ	*Apteryx mantelli (Apteryx australis mantelli)*	North Island Brown Kiwi (北の島にいる茶色のキーウィ)	ニュージーランド北島
37	チャミミチュウハシ	*Pteroglossus castanotis*	Chestnut-Eared Aracari (クリ色の耳をした小型のオオハシ)	南アメリカ
38	ダチョウ	*Struthio camelus*	Ostrich (ダチョウ)	サハラ砂漠以南のアフリカ
39	レア	*Rhea americana*	Greater Rhea (大きいほうのレア)	南アメリカ
40	オウサマペンギン	*Aptenodytes patagonicus*	King Penguin (王様ペンギン)	南極周辺の海
41	フンボルトペンギン	*Spheniscus humboldti*	Humboldt Penguin (フンボルト海流にすむペンギン)	南アメリカのフンボルト海流が流れる太平洋沿岸
42	オウギタイランチョウ	*Onychorhynchus coronatus*	Royal Flycatcher (王のごとく気高い羽虫をつかまえる者)	南アメリカ
43	ホロホロチョウ	*Numida meleagris*	Helmeted Guineafowl (ヘルメットをかぶったギニアのニワトリ)	サハラ砂漠以南のアフリカ
44	オオサイチョウ	*Buceros bicornis*	Great Hornbill (大きな角のあるくちばし)	東南アジアとインド
45	サイチョウ	*Buceros rhinoceros*	Rhinoceros Hornbill (サイみたいな角のあるくちばし)	東南アジア
46	キンケイ	*Chrysolophus pictus*	Golden Pheasant (金色のキジ)	中国
47	ワシミミズク	*Bubo bubo*	Eurasian Eagle Owl (ユーラシアのワシのようなフクロウ)	ユーラシア (ヨーロッパからアジア、日本の北海道、中東)
48	ヤシオウム	*Probosciger aterrimus*	Palm Cockatoo (ヤシのオカメインコ)	ニューギニアからオーストラリア北部
49	カッショクペリカン	*Pelecanus occidentalis*	Brown Pelican (茶色のペリカン)	北アメリカ南部から中央アメリカ、南アメリカまで
50, 51	ニワトリ	*Gallus domesticus*	Domestic Chickens (飼育されているニワトリ)	全世界
52	ヤツガシラ	*Upupa epops*	Eurasian Hoopoe (ユーラシアのヤツガシラ)	ヨーロッパから中東、インド、中国、アフリカ
53	ナンベイレンカク	*Jacana jacana*	Wattled Jacana (肉だれのあるレンカク)	南アメリカ
54	アフリカハゲコウ	*Leptoptilos crumeniferus*	Marabou Stork (ハゲコウなコウノトリ)	アフリカ、中東
55	オーストラリアガマグチヨタカ	*Podargus strigoides*	Tawny Frogmouth (黄褐色のカエル口)	オーストラリア
56	ヤリハシハチドリ	*Ensifera ensifera*	Sword-Billed Hummingbird (剣のようなくちばしのハチドリ)	南アメリカ
58	ジャノメドリ	*Eurypyga helias*	Sunbittern (太陽のヨシゴイ)	南アメリカ
60	ヘビクイワシ	*Sagittarius serpentarius*	Secretarybird (書記の鳥)	サハラ砂漠以南のアフリカ
61	アンデスイワドリ	*Rupicola peruviana*	Andean Cock of The Rock (アンデスにすむ岩場のオンドリ)	南アメリカのアンデス山脈
62	カオジロハゲワシ	*Trigonoceps occipitalis*	White Headed Vulture (白い頭のハゲワシ)	アフリカ
63	ベニジュケイ	*Tragopan temminckii*	Temminck's Tragopan (テミンク博士のヤギ神)	中国南部とその周辺
64	シチメンチョウ	*Meleagris gallopavo*	Wild Turkey (シチメンチョウ)	北アメリカ
65	フサホロホロチョウ	*Acryllium vulturinum*	Vulturine Guineafowl (ハゲタカみたいなホロホロチョウ)	アフリカ東部

■著者
クリス・アーリー（Chris Earley）
カナダのゲルフ大学で生物学の解説や教育に関わっている。若い人を
自然の世界へいざなう『Caterpillars』『Dragonflies』などの著書がある。

■訳者
北村　雄一（きたむら　ゆういち）
サイエンスライター兼イラストレーター。恐竜、進化、系統学、深海
生物などのテーマに関する作品をおもに手がける。日本大学農獣医学
部卒。著書に『深海生物ファイル』（ネコ・パブリッシング）、『ありえ
ない!? 生物進化論』（サイエンス・アイ新書）、『謎の絶滅動物たち』
（大和書房）などがある。『ダーウィン「種の起源」を読む』（化学同人）
で科学ジャーナリスト大賞 2009 を受賞。

けったいな生きもの
キメキメ 鳥

2017 年 12 月 25 日　第 1 刷　発行	訳　者　北村　雄一
	発行者　曽根　良介
	発行所　（株）化学同人

〒600-8074 京都市下京区仏光寺通柳馬場西入ル
編集部 TEL 075-352-3711　FAX 075-352-0371
営業部 TEL 075-352-3373　FAX 075-351-8301
振　替　01010-7-5702
E-mail　webmaster@kagakudojin.co.jp
URL　https://www.kagakudojin.co.jp

印刷・製本　（株）シナノパブリッシングプレス

【検印廃止】

JCOPY 〈(社)出版者著作権管理機構委託出版物〉

本書の無断複写は著作権法上での例外を除き禁じられて
います。複写される場合は、そのつど事前に、(社) 出版者
著作権管理機構（電話 03-3513-6969、FAX 03-3513-
6979、e-mail: info@jcopy.or.jp）の許諾を得てください。

本書のコピー、スキャン、デジタル化などの無断複製は著作
権法上での例外を除き禁じられています。本書を代行業者
などの第三者に依頼してスキャンやデジタル化することは、た
とえ個人や家庭内の利用でも著作権法違反です。

Printed in Japan ©Yuichi Kitamura 2017　無断転載・複製を禁ず.　　　　ISBN978-4-7598-1954-0
乱丁・落丁本は送料小社負担にてお取りかえします.